儿童趣味百科

英国数学真简单团队/编著　华云鹏 杨雪静/译

DK儿童数学分级阅读 第三辑

分数

数学真简单!

电子工業出版社·

Publishing House of Electronics Industry

北京·BEIJING

Original Title: Maths—No Problem! Fractions, Ages 7-8 (Key Stage 2)

Copyright © Maths—No Problem!, 2022

A Penguin Random House Company

本书中文简体版专有出版权由Dorling Kindersley Limited授予电子工业出版社，未经许可，不得以任何方式复制或抄袭本书的任何部分。

版权贸易合同登记号　图字：01-2024-1629

图书在版编目（CIP）数据

DK儿童数学分级阅读. 第三辑. 分数 / 英国数学真简单团队编著；华云鹏，杨雪静译. --北京：电子工业出版社，2024.5

ISBN 978-7-121-47726-3

Ⅰ. ①D… 　Ⅱ. ①英… 　②华… 　③杨… 　Ⅲ. ①数学—儿童读物 　Ⅳ. ①O1-49

中国国家版本馆CIP数据核字（2024）第079054号

出版社感谢以下作者和顾问：Andy Psarianos, Judy Hornigold, Adam Gifford和Anne Hermanson博士。
已获Colophon Foundry的许可使用Castledown字体。

责任编辑：张莉莉
印　　刷：鸿博昊天科技有限公司
装　　订：鸿博昊天科技有限公司
出版发行：电子工业出版社
　　　　　北京市海淀区万寿路173信箱　　邮编：100036
开　　本：889×1194　1/16　印张：18　　字数：303千字
版　　次：2024年5月第1版
印　　次：2024年11月第2次印刷
定　　价：128.00元（全6册）

凡所购买电子工业出版社图书有缺损问题，请向购买书店调换。若书店售缺，请与本社发行部联系，联系及邮购电话：（010）88254888，88258888。
质量投诉请发邮件至zlts@phei.com.cn，盗版侵权举报请发邮件至dbqq@phei.com.cn。
本书咨询联系方式：（010）88254161转1835，zhanglili@phei.com.cn。

目 录

鲁比　　艾略特　　阿米拉　　查尔斯　　露露　　萨姆　　奥克　　霍莉　　拉维　　艾玛　　雅各布　　汉娜

十分之一

准 备

涂色部分占长方形的几分之几?

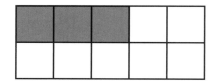

整个长方形被分成了10等块。

每块是 $\frac{1}{10}$。

举 例

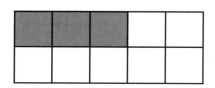

有3个 $\frac{1}{10}$ 块被涂色,7个 $\frac{1}{10}$ 块没有被涂色。

涂色部分占长方形的 $\frac{3}{10}$。

3个 $\frac{1}{10}$,我们写作 $\frac{3}{10}$。

我们也可以在数线上表示 $\frac{3}{10}$。

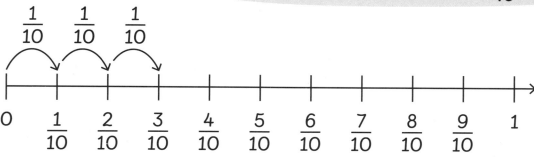

1 涂色部分占长方形的几分之几？

(1)

(2)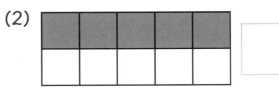

2 涂色部分分别占每个图形的几分之几？

(1)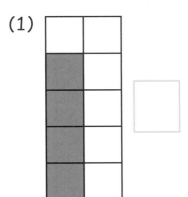

(2)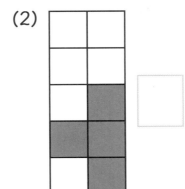

(3)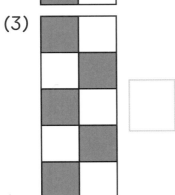

(4)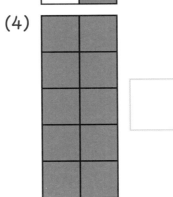

(5)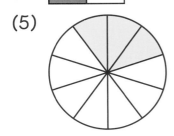

(6)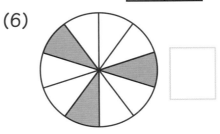

(7)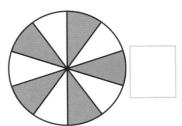

3 填空。

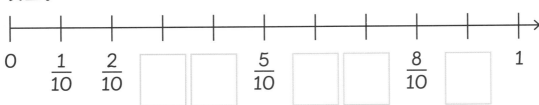

0 $\dfrac{1}{10}$ $\dfrac{2}{10}$ $\dfrac{5}{10}$ $\dfrac{8}{10}$ 1

同分母分数的加法（一）

准备

查尔斯和艾玛把1个寿司卷切成5等块。

我吃了1块。

我吃了2块。

他们吃了寿司的几分之几？

举例

每块是寿司卷的 $\frac{1}{5}$ 。

查尔斯吃了寿司卷的 $\frac{1}{5}$ 。

艾玛吃了寿司卷的 $\frac{2}{5}$ 。

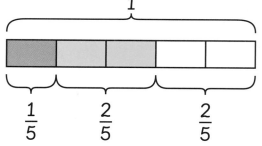

$$1 = \frac{5}{5}$$

 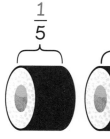 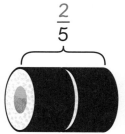 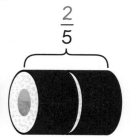

$$\frac{1}{5} + \frac{2}{5} = \frac{3}{5}$$

还剩下2块，也就是 $\frac{2}{5}$ 。

查尔斯和艾玛吃了寿司卷的 $\frac{3}{5}$ 。

1 做加法。

(1) $\dfrac{1}{5} + \dfrac{3}{5} = $ ☐

(2) $\dfrac{2}{5} + \dfrac{2}{5} = $ ☐

(3) $\dfrac{1}{9} + \dfrac{7}{9} = $ ☐

(4) $\dfrac{2}{7} + \dfrac{2}{7} = $ ☐

(5) $\dfrac{1}{4} + \dfrac{3}{4} = $ ☐

(6) $\dfrac{3}{6} + \dfrac{3}{6} = $ ☐

2 写出4组相加为1的分数。

(1) ☐ + ☐ = 1

(2) ☐ + ☐ = 1

(3) ☐ + ☐ = 1

(4) ☐ + ☐ = 1

3 做加法。

(1) $\dfrac{1}{4} + \dfrac{1}{4} + \dfrac{1}{4} = $ ☐

(2) $\dfrac{1}{3} + \dfrac{1}{3} + \dfrac{1}{3} = $ ☐

(3) $\dfrac{1}{5} + \dfrac{2}{5} + \dfrac{1}{5} = $ ☐

(4) $\dfrac{1}{7} + \dfrac{2}{7} + \dfrac{3}{7} = $ ☐

同分母分数的加法（二）

准备

 我吃了馅饼的 $\frac{1}{5}$。

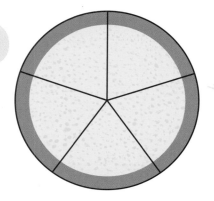

我吃了馅饼的 $\frac{2}{5}$。

他们一共吃了多少馅饼？

举例

把 $\frac{1}{5}$ 和 $\frac{2}{5}$ 相加。

 $\frac{1}{5}$

 $\frac{2}{5}$

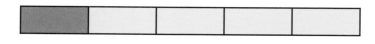

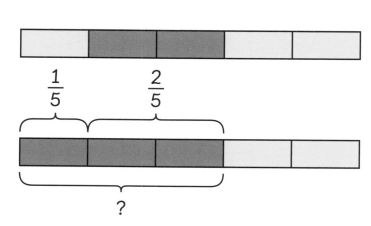

$\frac{1}{5} + \frac{2}{5} = \frac{3}{5}$

他们一共吃了馅饼的 $\frac{3}{5}$。

练 习

1 做加法并填空。

(1)

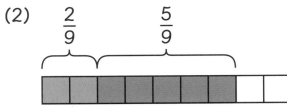

$$\frac{1}{5} + \frac{3}{5} = \boxed{}$$

(2)

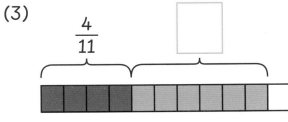

$$\frac{2}{9} + \frac{5}{9} = \boxed{}$$

(3)

$$\frac{4}{11} + \boxed{} = \boxed{}$$

2 (1) $\frac{1}{4} + \frac{2}{4} = \boxed{}$ (2) $\frac{2}{9} + \frac{4}{9} = \boxed{}$

(3) $\frac{1}{6} + \frac{5}{6} = \boxed{}$ (4) $\frac{1}{15} + \frac{4}{15} = \boxed{}$

(5) $\frac{3}{7} + \frac{2}{7} = \boxed{}$ (6) $\frac{4}{15} + \frac{7}{15} = \boxed{}$

分数的拆分

准 备

 我吃了巧克力的 $\frac{7}{8}$。

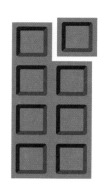

我吃了巧克力的 $\frac{1}{8}$。

除此之外，奥克和鲁比还有哪几种方法分巧克力？一共有几种方法分巧克力？

举 例

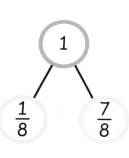

每块是巧克力的 $\frac{1}{8}$。

奥克	鲁比
$\frac{1}{8}$	$\frac{7}{8}$
$\frac{2}{8}$	$\frac{6}{8}$
$\frac{3}{8}$	$\frac{5}{8}$
$\frac{4}{8}$	$\frac{4}{8}$
$\frac{5}{8}$	$\frac{3}{8}$
$\frac{6}{8}$	$\frac{2}{8}$
$\frac{7}{8}$	$\frac{1}{8}$

 我可以做一张表格。

奥克和鲁比一共有7种不同的方法分巧克力。

练 习

1 连线。

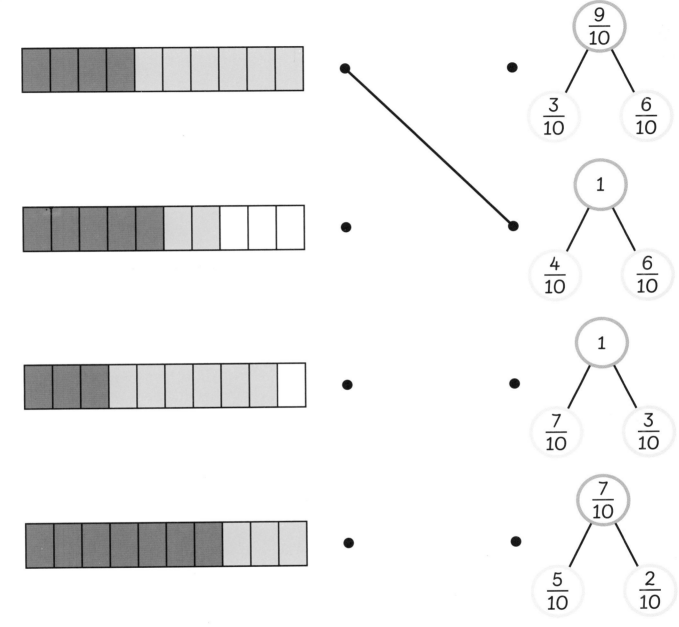

2 填空。

(1)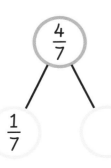

(2)

(3)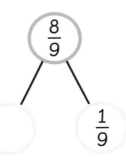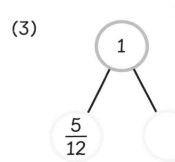

同分母分数的减法

准 备

一个瑞士卷蛋糕被切成6等块。

艾略特拿了1块后，汉娜准备拿2块。

还剩多少瑞士卷蛋糕？

举 例

瑞士卷蛋糕被平均切成6块。每块是$\frac{1}{6}$。

艾略特拿了1块，汉娜要拿2块。

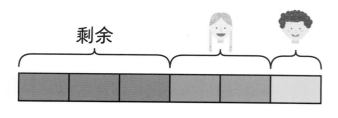

剩余

还剩下3块。

汉娜拿过2块后，瑞士卷蛋糕还剩$\frac{3}{6}$。

12

练 习

1 填空。

(1)

$$\frac{3}{5} - \frac{1}{5} = \boxed{}$$

(2)

$$\frac{5}{8} - \frac{2}{8} = \boxed{}$$

(3)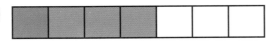

$$\frac{4}{7} - \boxed{} = \frac{1}{7}$$

(4)

$$\boxed{} - \frac{3}{12} = \boxed{}$$

2 查尔斯花了自己 $\frac{1}{4}$ 的钱买了一个文具盒。

然后他又花了剩下钱的 $\frac{2}{3}$ 买了一些书。

他最开始的钱还剩几分之几？

文具盒

他最开始的钱还剩 $\boxed{}$ 。

等值分数

准 备

霍莉把一张纸条对折两次，分成4个大小相同的长方形，并把其中1个长方形涂上颜色。

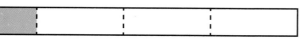

如果霍莉继续折纸条，会发生什么？

> 我把纸条的 $\frac{1}{4}$ 涂上颜色。

举 例

$\frac{1}{4}$

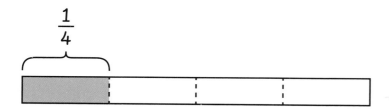

霍莉把纸条又对折了一次。

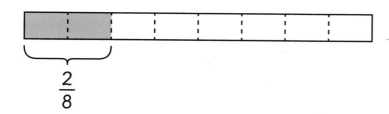

$\frac{2}{8}$

现在纸条被分成了8片。
每片是纸条的 $\frac{1}{8}$。

$$\frac{1}{4} = \frac{2}{8}$$ ← 分子
← 分母

> 纸条被分成4片。

> 涂有颜色的纸条总大小不变，但是片数变多了。

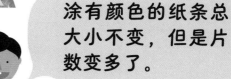
> 等值分数的分子和分母互不相同，但数值相等。

1 填空。

(1) $\boxed{}$
$\overline{12}$

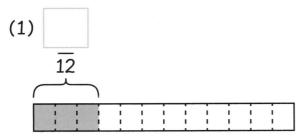

(2) $\boxed{}$

2 填空。

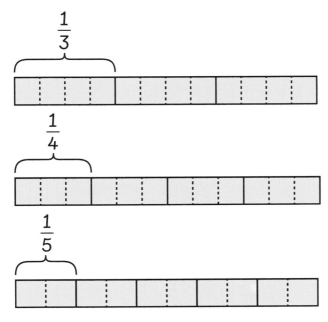

$\dfrac{1}{3}$

$\dfrac{1}{4}$

$\dfrac{1}{5}$

$\dfrac{1}{3} = \dfrac{\boxed{}}{12}$

$\dfrac{1}{4} = \dfrac{\boxed{}}{12}$

$\dfrac{1}{5} = \boxed{}$

3 奥克、鲁比和霍莉点了同样大小的披萨。他们每人吃了自己所点披萨的$\dfrac{1}{2}$。
奥克吃了3片，鲁比吃了4片，霍莉吃了2片。
奥克、鲁比和霍莉吃的披萨分别占整个披萨的几分之几？

$\boxed{}$

奥克吃了披萨的 $\boxed{}$ ，鲁比吃了披萨的 $\boxed{}$ ，霍莉吃了披萨的 $\boxed{}$ 。

数线上的等值分数

准备

4个小朋友在帆船课程上学习打结。

船员给他们一根粗绳，告诉他们每人需要等长的2小段绳子。

每个小朋友分到几分之几的绳子？

举例

$$\frac{1}{2} \qquad \frac{1}{2}$$

我们先把绳子平均分成2段。

$$\frac{1}{4} \qquad \frac{1}{4} \qquad \frac{1}{4} \qquad \frac{1}{4}$$

然后分别把每小段平均分成2段。

现在绳子的一半是原绳的$\frac{2}{4}$。

$$\frac{1}{8} \quad \frac{1}{8} \quad \frac{1}{8} \quad \frac{1}{8} \quad \frac{1}{8} \quad \frac{1}{8} \quad \frac{1}{8} \quad \frac{1}{8}$$

每个小朋友拿到绳子的$\frac{1}{4}$。

每个小朋友需要2段同样长的绳子，再把他们拿到的$\frac{1}{4}$分成2段，绳子的$\frac{1}{4}$变成了$\frac{2}{8}$。

我们可以用数线计算等值分数。

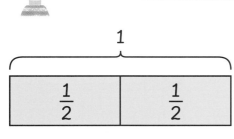
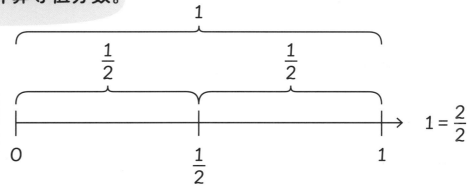

$1 = \frac{2}{2}$

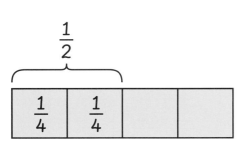
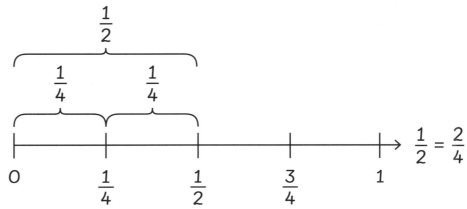

$\frac{1}{2} = \frac{2}{4}$

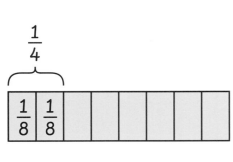
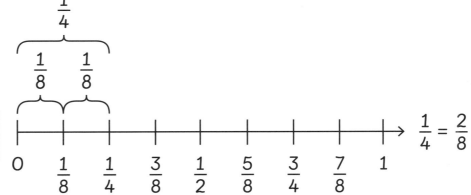

$\frac{1}{4} = \frac{2}{8}$

练 习

在数线上标出 $\frac{1}{3}$ 和 $\frac{1}{2}$。

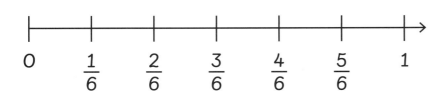

用乘法计算等值分数

准 备

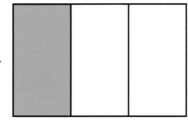 →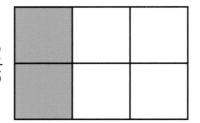

$\frac{1}{3}$ 和 $\frac{2}{6}$ 是等值分数。还有其他的分数与 $\frac{1}{3}$ 相等吗？

举 例

这是 $\frac{1}{3}$。

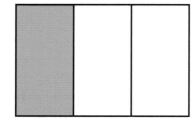

把阴影部分平均分成2份，每份是 $\frac{1}{6}$。

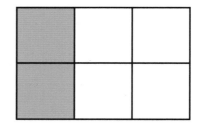

$\frac{1}{3} = \frac{2}{6}$

把阴影部分平均分成3份，每份是 $\frac{1}{9}$。

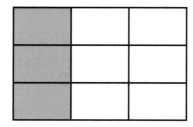

$\frac{1}{3} = \frac{3}{9}$

把阴影部分平均分成4份，每份是 $\frac{1}{12}$。

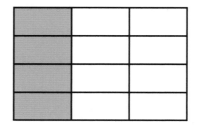

$\frac{1}{3} = \frac{4}{12}$

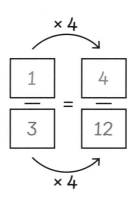

$$\frac{1}{3} = \frac{2}{6}$$

$\times 2$ ... $\times 2$

$$\frac{1}{3} = \frac{3}{9}$$

$\times 3$ ... $\times 3$

$$\frac{1}{3} = \frac{4}{12}$$

$\times 4$ ... $\times 4$

练 习

1 把分子补充完整。

(1)

$$\frac{3}{5} = \frac{\square}{10}$$

(2)

$$\frac{3}{4} = \frac{\square}{8}$$

(3) $\frac{2}{7} = \frac{\square}{14}$

(4) $\frac{5}{6} = \frac{\square}{12}$

2 填空。

(1)

$\times \square$

$$\frac{3}{4} = \frac{6}{\square}$$

$\times \square$

(2)

$\times \square$

$$\frac{2}{5} = \frac{\square}{15}$$

$\times \square$

计算等值分数（一）

准 备

露露和萨姆分别有一份同样大小的千层面。

露露把她的面切成4等块。

萨姆把他的面切成8等块。

我吃了
1块。

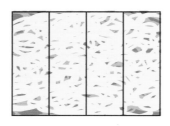
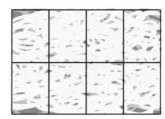

我吃了
2块。

他们吃的面同样多吗？

举 例

$\frac{1}{4}$
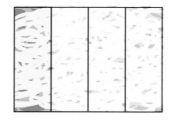

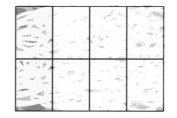
$\frac{2}{8}$

$\frac{1}{4}$和$\frac{2}{8}$是等值分数吗？

$$\frac{1}{4} \xrightarrow{\times 2} \frac{2}{8}$$

1大块可以切成2小块。

$$\frac{1}{4} = \frac{2}{8} \xleftarrow[\times 2]{}$$

4大块可以切成8小块。

$\frac{1}{4}$ 和 $\frac{2}{8}$ 是等值分数。

露露和萨姆吃的千层面同样多。

练 习

1 给长条涂上阴影，然后填空。

(1) $\frac{1}{2} = \frac{\boxed{}}{8}$

(2) $\frac{3}{4} = \frac{\boxed{}}{8}$

2 填空。

(1)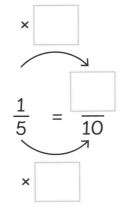

$$\frac{1}{5} = \frac{\boxed{}}{10}$$

(2)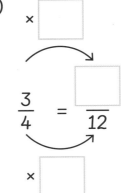

$$\frac{3}{4} = \frac{\boxed{}}{12}$$

计算等值分数（二）

准 备

你能看出这些分数的规律吗？

$$\frac{2}{3} \quad \frac{4}{6} \quad \frac{6}{9} \quad \frac{8}{12}$$

它们是等值分数吗？

举 例

当我们把2块平均分成4块的时候，也可以把3块平均分成6块。我们可以借助乘法计算等值分数。

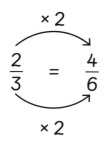

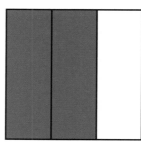

$$\frac{2}{3} = \frac{4}{6}$$

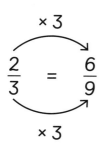

当我们把4块合并为2块的时候，也可以把6块合并为3块。我们可以借助除法给分数化简。

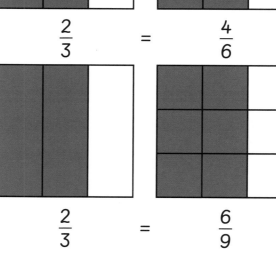

$$\frac{2}{3} = \frac{6}{9}$$

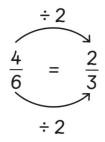

1 填空。

(1)
× ☐

$\dfrac{2}{3} = \dfrac{\boxed{}}{15}$

× ☐

(2)
× ☐

$\dfrac{5}{7} = \dfrac{25}{\boxed{}}$

× ☐

(3)
÷ ☐

$\dfrac{8}{12} = \dfrac{2}{\boxed{}}$

÷ ☐

(4)
÷ ☐

$\dfrac{9}{15} = \dfrac{\boxed{}}{5}$

÷ ☐

2 写出每个分数的最简形式。

(1) $\dfrac{15}{25} = \boxed{}$

(2) $\dfrac{15}{50} = \boxed{}$

(3) $\dfrac{5}{15} = \boxed{}$

(4) $\dfrac{50}{60} = \boxed{}$

(5) $\dfrac{12}{16} = \boxed{}$

(6) $\dfrac{8}{24} = \boxed{}$

单位分数的比较

准备

拉维喝了 $\frac{1}{3}$ 升果汁。

霍莉喝了 $\frac{1}{5}$ 升果汁。

谁喝的果汁更多？

举例

比较 $\frac{1}{3}$ 和 $\frac{1}{5}$ 的大小。

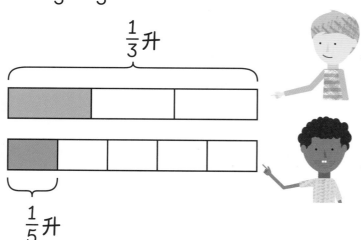

把1平均分成3大份。

把1平均分成5小份。

拉维的1份比霍莉的1份大。

$\frac{1}{3} > \frac{1}{5}$

拉维喝的果汁比霍莉多。

1 填空。

(1) 比较 $\frac{1}{5}$ 和 $\frac{1}{7}$ 的大小。

$\frac{1}{5}$ [ ][ ][ ][ ][ ]

$\frac{1}{7}$ [ ][ ][ ][ ][ ][ ][ ]

☐ 大于 ☐

(2) 比较 $\frac{1}{11}$ 和 $\frac{1}{9}$ 的大小。

$\frac{1}{11}$ [ ][ ][ ][ ][ ][ ][ ][ ][ ][ ][ ]

$\frac{1}{9}$ [ ][ ][ ][ ][ ][ ][ ][ ][ ]

☐ 小于 ☐

2 比较大小，用"＞"或"＜"填空。

(1) $\frac{1}{8}$ ☐ $\frac{1}{5}$

(2) $\frac{1}{2}$ ☐ $\frac{1}{10}$

(3) $\frac{1}{3}$ ☐ $\frac{1}{6}$

(4) $\frac{1}{9}$ ☐ $\frac{1}{7}$

(5) $\frac{1}{2}$ ☐ $\frac{1}{3}$

(6) $\frac{1}{5}$ ☐ $\frac{1}{3}$

3 将以下分数按从小到大的顺序排列。

$\frac{1}{12}$　$\frac{1}{5}$　$\frac{1}{2}$　$\frac{1}{10}$

☐ , ☐ , ☐ , ☐

异分母分数的比较

准 备

奥克和鲁比在读同样的书。

奥克读了书的 $\frac{5}{6}$。

鲁比读了书的 $\frac{5}{8}$。

谁读得更多？

举 例

$\frac{5}{6}$ 和 $\frac{5}{8}$ 哪个大？

1

$\frac{1}{6}$	$\frac{1}{6}$	$\frac{1}{6}$	$\frac{1}{6}$	$\frac{1}{6}$	$\frac{1}{6}$

$\frac{1}{8}$	$\frac{1}{8}$	$\frac{1}{8}$	$\frac{1}{8}$	$\frac{1}{8}$	$\frac{1}{8}$	$\frac{1}{8}$	$\frac{1}{8}$

$\frac{5}{6}$ 大于 $\frac{5}{8}$

奥克读的书比鲁比多。

$$\frac{5}{6} > \frac{5}{8}$$

1 填空。

(1) 比较 $\frac{3}{7}$ 与 $\frac{3}{10}$ 的大小。

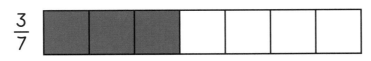

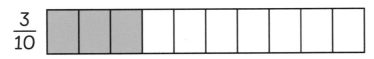

[   ] 大于 [   ]。

(2) 比较 $\frac{9}{11}$ 与 $\frac{7}{10}$ 的大小。

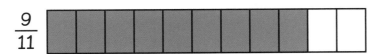

[   ] 小于 [   ]。

2 比较大小，用"＞"、"＜"或"＝"填空。

(1) $\frac{2}{5}$ [   ] $\frac{2}{7}$ (2) $\frac{3}{7}$ [   ] $\frac{3}{4}$

(3) $\frac{7}{8}$ [   ] $\frac{7}{9}$ (4) $\frac{8}{9}$ [   ] $\frac{7}{8}$

(5) $\frac{10}{11}$ [   ] $\frac{8}{10}$ (6) $\frac{8}{8}$ [   ] $\frac{9}{9}$

分数的减法（一）

准 备

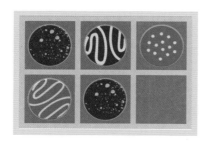

我要拿走1块巧克力。

雅各布拿走1块后，这盒巧克力还剩多少？

举 例

每块巧克力是整盒的 $\frac{1}{6}$。

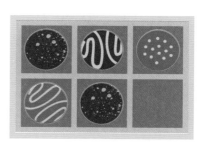

这是这盒巧克力的 $\frac{5}{6}$。

雅各布拿走了这盒巧克力的 $\frac{1}{6}$。

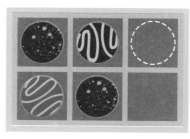

$$\frac{5}{6} - \frac{1}{6} = \frac{4}{6}$$

$$\frac{4}{6} = \frac{2}{3}$$

这盒巧克力还剩 $\frac{2}{3}$。

我们可以把 $\frac{4}{6}$ 化简。

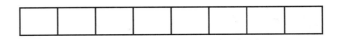

练习

1 做减法并化简。

(1) $\dfrac{7}{8}$ − $\dfrac{1}{8}$ = ☐ = ☐

(2) $\dfrac{7}{8}$ − $\dfrac{3}{8}$ = ☐ = ☐

(3) $\dfrac{9}{10}$ − $\dfrac{3}{10}$ = ☐ = ☐

(4) $\dfrac{5}{9}$ − $\dfrac{2}{9}$ = ☐ = ☐

2 做减法并化简。

(1) $\dfrac{5}{6}$ − $\dfrac{2}{6}$ = ☐ = ☐

(2) $\dfrac{11}{12}$ − $\dfrac{2}{12}$ = ☐ = ☐

(3) $\dfrac{13}{15}$ − $\dfrac{8}{15}$ = ☐ = ☐

(4) $\dfrac{7}{10}$ − $\dfrac{2}{10}$ = ☐ = ☐

3 用四种不同的方式解答问题。

(1) $\dfrac{\boxed{}}{8}$ − $\dfrac{\boxed{}}{8}$ = $\dfrac{4}{8}$ = $\dfrac{1}{2}$

(2) $\dfrac{\boxed{}}{8}$ − $\dfrac{\boxed{}}{8}$ = $\dfrac{4}{8}$ = $\dfrac{1}{2}$

(3) $\dfrac{\boxed{}}{8}$ − $\dfrac{\boxed{}}{8}$ = $\dfrac{4}{8}$ = $\dfrac{1}{2}$

(4) $\dfrac{\boxed{}}{8}$ − $\dfrac{\boxed{}}{8}$ = $\dfrac{4}{8}$ = $\dfrac{1}{2}$

29

分数的减法（二）

准 备

拉维用了美术纸的 $\frac{1}{4}$。

美术纸还剩多少？

举 例

把美术纸平均分成4份。

拉维用了美术纸的 $\frac{1}{4}$。

用 $\frac{4}{4}$ 减去 $\frac{1}{4}$。

$1 = \frac{4}{4}$

$\frac{4}{4} - \frac{1}{4} = \frac{3}{4}$

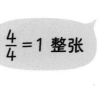

$\frac{4}{4} = 1$ 整张

美术纸还剩 $\frac{3}{4}$。

30

1 做减法。

(1) $1 - \dfrac{1}{3} = \boxed{}$

(2) $1 - \dfrac{2}{5} = \boxed{}$

(3) $1 - \dfrac{5}{6} = \boxed{}$

(4) $1 - \dfrac{3}{7} = \boxed{}$

2 做减法并化简。

(1) $1 - \dfrac{2}{8} = \boxed{} = \boxed{}$

(2) $1 - \dfrac{3}{9} = \boxed{} = \boxed{}$

(3) $1 - \dfrac{2}{10} = \boxed{} = \boxed{}$

(4) $1 - \dfrac{3}{6} = \boxed{} = \boxed{}$

3 填空。

(1) $1 - \dfrac{\boxed{}}{6} = \dfrac{4}{6} = \dfrac{2}{3}$

(2) $1 - \dfrac{\boxed{}}{10} = \dfrac{\boxed{}}{10} = \dfrac{1}{2}$

(3) $1 - \dfrac{\boxed{}}{4} = \dfrac{1}{2}$

计算整体中部分的数量（一）

准备

鲁比和查尔斯平均分这袋苹果。

他们每人分到几个苹果？

有几种方法分这袋苹果？

举例

8个苹果的 $\frac{1}{2}$ = 4个苹果

鲁比和查尔斯每人分到4个苹果。

$8 \div 2 = 4$

这袋苹果可以平均分给4个孩子吗？

8个苹果的 $\frac{1}{4}$ = 2个苹果

$8 \div 4 = 2$

这袋苹果可以平均分给8个孩子吗？

8个苹果的 $\frac{1}{8}$ = 1个苹果

$8 \div 8 = 1$

1 填空。

(1) 圈一圈，把这些饼干平均分成4组。

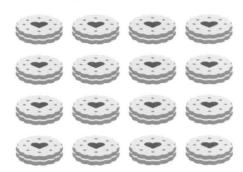

16块饼干的 $\frac{1}{4}$ = ☐ 块饼干

(2) 圈一圈，把这些梨平均分成3组。

15个梨的 $\frac{1}{3}$ = ☐ 个梨

2 借助 □ 计算整体的一部分是多少。

(1)

☐ ☐ ☐	☐ ☐ ☐	☐ ☐ ☐	☐ ☐ ☐

12个菠萝的 $\frac{1}{4}$ = ☐ 个菠萝

(2)

20个足球的 $\frac{1}{5}$ = ☐ 个足球

(3)

18个孩子的 $\frac{1}{3}$ = ☐ 个孩子

计算整体中部分的数量（二）

准 备

露露用了这盒鸡蛋的 $\frac{3}{4}$ 做蛋糕。

露露用了几枚鸡蛋做蛋糕？

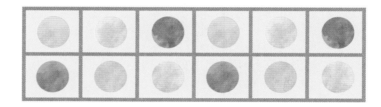

举 例

先计算鸡蛋的 $\frac{1}{4}$。

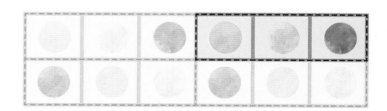

12枚鸡蛋的 $\frac{1}{4}$ = 3枚鸡蛋

12枚鸡蛋的 $\frac{3}{4}$ = 3 × 3枚鸡蛋

　　　　　　 = 9枚鸡蛋

一盒12枚装的鸡蛋的 $\frac{3}{4}$ 是9枚鸡蛋。

露露用了9枚鸡蛋做蛋糕。

练 习

1 借助□计算整体的一部分是多少。

(1) | □ □ | □ □ | □ □ | □ □ | □ □ |

10颗杏的 $\frac{2}{5}$ = [   ] 颗杏

(2) | | | |

18朵花的 $\frac{2}{3}$ = [   ] 朵花

(3) | | | | | | |

30个西红柿的 $\frac{5}{6}$ = [   ] 个西红柿

(4) | | | | |

36本书的 $\frac{3}{4}$ = [   ] 本书

 填空。

(1) 12的 $\frac{2}{3}$ = [   ]

(2) 12的 $\frac{3}{4}$ = [   ]

(3) 20的 $\frac{4}{5}$ = [   ]

(4) 24的 $\frac{5}{6}$ = [   ]

1的平均分

准备

我们如何把1块巧克力
分给多个人？

举例

2个小朋友分巧克力。

$1 \div 2 = \frac{1}{2}$

3个小朋友分巧克力。

$1 \div 3 = \frac{1}{3}$

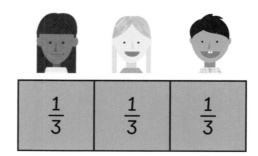

4个小朋友分巧克力。

$1 \div 4 = \dfrac{1}{4}$

| $\dfrac{1}{4}$ | $\dfrac{1}{4}$ | $\dfrac{1}{4}$ | $\dfrac{1}{4}$ |

练 习

1 做除法。

(1) $1 \div 5 \ = \boxed{}$

(2) $1 \div 7 \ = \boxed{}$

(3) $1 \div 9 \ = \boxed{}$

(4) $1 \div 10 = \boxed{}$

(5) $1 \div 12 = \boxed{}$

(6) $1 \div 20 = \boxed{}$

2 填空。

(1) $1 \div \boxed{} = \dfrac{1}{2}$

(2) $2 \div \boxed{} = 1$

(3) $\boxed{} \div 6 = \dfrac{1}{6}$

大于1的平均分

准 备

我们如何把2块水果饼干平分给3个孩子？

举 例

这是1。

把每块水果饼干切成3片。

$\frac{1}{3}$

每片是 $\frac{1}{3}$。

每个孩子分到2片，即一块水果饼干的 $\frac{2}{3}$。

$2 \div 3 = \frac{2}{3}$

把2块水果饼干分给3个孩子，每人分到 $\frac{2}{3}$。

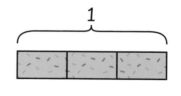

$\frac{1}{3} + \frac{1}{3} = \frac{2}{3}$

做除法。

1 3 ÷ 4 = ☐

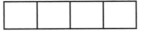 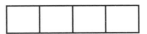

2 4 ÷ 5 = ☐

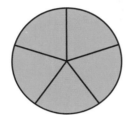 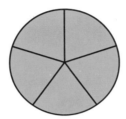 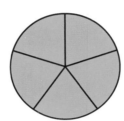 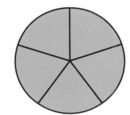

3 6 ÷ 7 = ☐

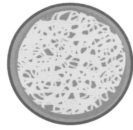 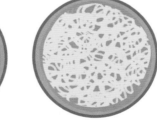 

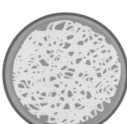 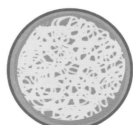 

假分数与平均分

准 备

露露需要把寿司卷切开，并使每个盘子装的同样多。

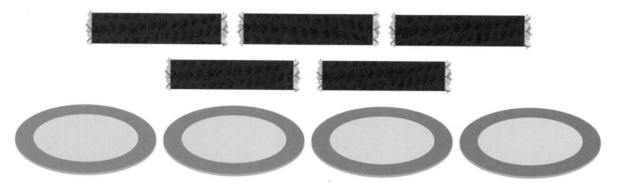

每个盘子要装多少寿司？

举 例

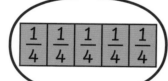 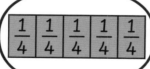 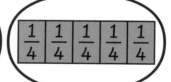

把每个寿司卷平均分到4个盘子里。

$1 \div 4 = \dfrac{1}{4}$

每个寿司卷要切成4块。

把5个寿司卷平均分到4个盘子里。

$5 \div 4 = \dfrac{5}{4}$

每个盘子装5块 $\dfrac{1}{4}$ 的寿司卷，也就是 $\dfrac{5}{4}$ 的寿司卷。

> 把20进行四等分再除以4 = 把5进行四等分

当分数的分子大于或等于分母时，我们称之为假分数。

做除法。

1 5 ÷ 4 = ☐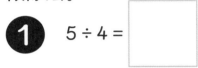

2 6 ÷ 5 = ☐

3 5 ÷ 2 = ☐

复习与挑战

1 做加法。

(1) $\dfrac{2}{7}$ + $\dfrac{4}{7}$ = ☐

(2) $\dfrac{4}{9}$ + $\dfrac{5}{9}$ = ☐

(3) $\dfrac{5}{11}$ + $\dfrac{5}{11}$ = ☐

(4) $\dfrac{6}{12}$ + $\dfrac{5}{12}$ = ☐

2 写出所有相加为1且分母为10的分数组合。

☐ + ☐ , ☐ + ☐ , ☐ + ☐ ,

☐ + ☐ , ☐ + ☐

3 做减法。

(1) $\dfrac{6}{7}$ − $\dfrac{1}{7}$ = ☐

(2) $\dfrac{8}{9}$ − $\dfrac{3}{9}$ = ☐

(3) $\dfrac{10}{11}$ − $\dfrac{3}{11}$ = ☐

(4) $\dfrac{4}{5}$ − $\dfrac{4}{5}$ = ☐

4 依次写出每个分数的5个等值分数。

(1) $\dfrac{1}{3}$ = ☐ = ☐ = ☐ = ☐ = ☐

(2) $\dfrac{1}{5}$ = ☐ = ☐ = ☐ = ☐ = ☐

5 做减法。

(1) $1 - \dfrac{2}{5} = \boxed{}$

(2) $1 - \dfrac{8}{10} = \boxed{}$

(3) $1 - \dfrac{7}{8} = \boxed{}$

(4) $1 - \dfrac{9}{11} = \boxed{}$

6 给分数化简。

(1) $\dfrac{6}{8} = \boxed{}$

(2) $\dfrac{10}{15} = \boxed{}$

(3) $\dfrac{6}{10} = \boxed{}$

(4) $\dfrac{15}{25} = \boxed{}$

(5) $\dfrac{12}{18} = \boxed{}$

(6) $\dfrac{10}{24} = \boxed{}$

7 圈出较大的分数。

(1) $\dfrac{3}{4}$ 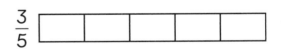 $\dfrac{3}{5}$

(2) $\dfrac{6}{7}$ $\qquad$ $\dfrac{7}{8}$

(3) $\dfrac{2}{3}$ $\qquad$ $\dfrac{3}{4}$

8 做加法并化简。

(1) $\dfrac{1}{8} + \dfrac{5}{8} = \boxed{} = \boxed{}$

(2) $\dfrac{1}{10} + \dfrac{7}{10} = \boxed{} = \boxed{}$

(3) $\dfrac{1}{12} + \dfrac{11}{12} = \boxed{} = \boxed{}$

(4) $\dfrac{2}{9} + \dfrac{4}{9} = \boxed{} = \boxed{}$

9 做减法并化简。

(1) $\dfrac{5}{8} - \dfrac{1}{8}$ = ☐ = ☐   (2) $\dfrac{7}{10} - \dfrac{1}{10}$ = ☐ = ☐

(3) $\dfrac{11}{12} - \dfrac{1}{12}$ = ☐ = ☐   (4) $\dfrac{5}{9} - \dfrac{2}{9}$ = ☐ = ☐

10 8个孩子分5个三明治。

每个孩子分到多少三明治？

每个孩子分到 ☐ 个三明治。

11 5个孩子分8个三明治。

每个孩子分到多少三明治？

每个孩子分到 ☐ 个三明治。

12 烘焙师做了一些水果派。

他上午售出了 $\frac{4}{9}$ 的水果派，下午售出了 $\frac{2}{9}$ 的水果派。

水果派还剩多少？

将你的计算结果化成最简形式。

水果派还剩 ☐ 。

13 艾略特烤了36个饼干。他吃了 $\frac{1}{6}$ 的饼干，又把全部饼干的 $\frac{1}{3}$ 送给了朋友。

艾略特的饼干还剩多少个？

艾略特的饼干还剩 ☐ 个。

14 拉维的假期天数是二月份总天数的 $\frac{1}{4}$ 。

拉维的假期有多少天？

二月						
一	二	三	四	五	六	日
	1	2	3	4	5	6
7	8	9	10	11	12	13
14	15	16	17	18	19	20
21	22	23	24	25	26	27
28						

拉维的假期有 ☐ 天。

参考答案

第 5 页   **1** (1) $\frac{1}{10}$ (2) $\frac{5}{10}$ 或 $\frac{1}{2}$ **2** (1) $\frac{4}{10}$ 或 $\frac{2}{5}$ (2) $\frac{4}{10}$ 或 $\frac{2}{5}$ (3) $\frac{5}{10}$ 或 $\frac{1}{2}$ (4) $\frac{10}{10}$ 或1 (5) $\frac{3}{10}$ (6) $\frac{3}{10}$ (7) $\frac{5}{10}$ 或 $\frac{1}{2}$

3

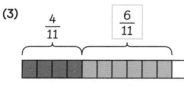

$$0 \quad \frac{1}{10} \quad \frac{2}{10} \quad \boxed{\frac{3}{10}} \quad \boxed{\frac{4}{10}} \quad \frac{5}{10} \quad \boxed{\frac{6}{10}} \quad \boxed{\frac{7}{10}} \quad \frac{8}{10} \quad \boxed{\frac{9}{10}} \quad 1$$

第 7 页   **1** (1) $\frac{1}{5}+\frac{3}{5}=\frac{4}{5}$ (2) $\frac{2}{5}+\frac{2}{5}=\frac{4}{5}$ (3) $\frac{1}{9}+\frac{7}{9}=\frac{8}{9}$ (4) $\frac{2}{7}+\frac{2}{7}=\frac{4}{7}$ (5) $\frac{1}{4}+\frac{3}{4}=\frac{4}{4}$ 或 1 (6) $\frac{3}{6}+\frac{3}{6}=\frac{6}{6}$ 或1

2 (1~4) 答案不唯一。   **3** (1) $\frac{1}{4}+\frac{1}{4}+\frac{1}{4}=\frac{3}{4}$ (2) $\frac{1}{3}+\frac{1}{3}+\frac{1}{3}=\frac{3}{3}$ 或 1 (3) $\frac{1}{5}+\frac{2}{5}+\frac{1}{5}=\frac{4}{5}$ (4) $\frac{1}{7}+\frac{2}{7}+\frac{3}{7}=\frac{6}{7}$

第 9 页   **1** (1) $\frac{1}{5}+\frac{3}{5}=\frac{4}{5}$ (2) $\frac{2}{9}+\frac{5}{9}=\frac{7}{9}$

(3)

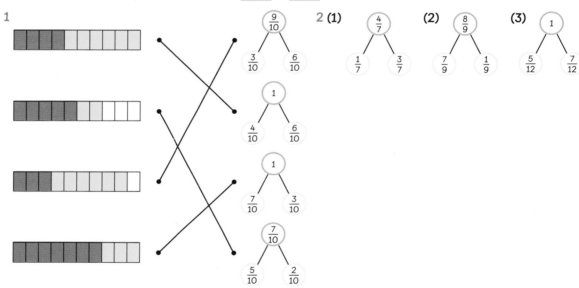

2 (1) $\frac{1}{4}+\frac{2}{4}=\frac{3}{4}$ (2) $\frac{2}{9}+\frac{4}{9}=\frac{6}{9}$ 或 $\frac{2}{3}$ (3) $\frac{1}{6}+\frac{5}{6}=\frac{6}{6}$ 或 1

(4) $\frac{1}{15}+\frac{4}{15}=\frac{5}{15}$ 或 $\frac{1}{3}$ (5) $\frac{3}{7}+\frac{2}{7}=\frac{5}{7}$ (6) $\frac{4}{15}+\frac{7}{15}=\frac{11}{15}$

第 11 页   **1**

2 (1) $\frac{4}{7}$ (2) $\frac{8}{9}$ (3) 1

第 13 页   **1** (1) $\frac{3}{5}-\frac{1}{5}=\frac{2}{5}$ (2) $\frac{5}{8}-\frac{2}{8}=\frac{3}{8}$ (3) $\frac{4}{7}-\frac{3}{7}=\frac{1}{7}$ (4) $\frac{7}{12}-\frac{3}{12}=\frac{4}{12}$ **2** 查尔斯最开始的钱还剩 $\frac{1}{4}$。

第 15 页   **1** (1) $\frac{3}{12}$ (2) $\frac{4}{16}$ 或 $\frac{1}{4}$ **2** $\frac{1}{3}=\frac{4}{12}$，$\frac{1}{4}=\frac{3}{12}$，$\frac{1}{5}=\frac{2}{10}$ **3** 奥克吃了披萨的 $\frac{3}{6}$，鲁比吃了披萨的 $\frac{4}{8}$，霍莉吃了披萨的 $\frac{2}{4}$。

第 17 页

$$\begin{array}{c} \qquad\qquad \frac{1}{3} \quad \frac{1}{2} \\ \qquad\qquad \downarrow \quad\; \downarrow \\ 0 \quad \frac{1}{6} \quad \frac{2}{6} \quad \frac{3}{6} \quad \frac{4}{6} \quad \frac{5}{6} \quad 1 \end{array}$$

第 19 页　1 (1) $\frac{3}{5}=\frac{6}{10}$ (2) $\frac{3}{4}=\frac{6}{8}$ (3) $\frac{2}{7}=\frac{4}{14}$ (4) $\frac{5}{6}=\frac{10}{12}$

2 (1) × 2　　(2) × 3

$\frac{3}{4}=\frac{6}{8}$　　$\frac{2}{5}=\frac{6}{15}$

× 2　　× 3

第 21 页　1 (1) $\frac{1}{2}=\frac{4}{8}$；答案不唯一。例：

(2) $\frac{3}{4}=\frac{6}{8}$；答案不唯一。例：

2 (1) × 2　　(2) × 3

$\frac{1}{5}=\frac{2}{10}$　　$\frac{3}{4}=\frac{9}{12}$

× 2　　× 3

第 23 页　1 (1) × 5　　(2) × 5　　(3) ÷ 4　　(4) ÷ 3

$\frac{2}{3}=\frac{10}{15}$　　$\frac{5}{7}=\frac{25}{35}$　　$\frac{8}{12}=\frac{2}{3}$　　$\frac{9}{15}=\frac{3}{5}$

× 5　　× 5　　÷ 4　　÷ 3

2 (1) $\frac{15}{25}=\frac{3}{5}$ (2) $\frac{15}{50}=\frac{3}{10}$ (3) $\frac{5}{15}=\frac{1}{3}$ (4) $\frac{50}{60}=\frac{5}{6}$ (5) $\frac{12}{16}=\frac{3}{4}$ (6) $\frac{8}{24}=\frac{1}{3}$

第 25 页　1 (1) $\frac{1}{5}$ 大于 $\frac{1}{7}$ (2) $\frac{1}{11}$ 小于 $\frac{1}{9}$　2 (1) $\frac{1}{8}<\frac{1}{5}$ (2) $\frac{1}{2}>\frac{1}{10}$ (3) $\frac{1}{3}>\frac{1}{6}$

(4) $\frac{1}{9}<\frac{1}{7}$ (5) $\frac{1}{2}>\frac{1}{3}$ (6) $\frac{1}{5}<\frac{1}{3}$　3 $\frac{1}{12}$，$\frac{1}{10}$，$\frac{1}{5}$，$\frac{1}{2}$

第 27 页　1 (1) $\frac{3}{7}$ 大于 $\frac{3}{10}$ (2) $\frac{7}{10}$ 小于 $\frac{9}{11}$　2 (1) $\frac{2}{5}>\frac{2}{7}$ (2) $\frac{3}{7}<\frac{3}{4}$ (3) $\frac{7}{8}>\frac{7}{9}$

(4) $\frac{8}{9}>\frac{7}{8}$ (5) $\frac{10}{11}>\frac{8}{10}$ (6) $\frac{8}{8}=\frac{9}{9}$

第 29 页　1 (1) $\frac{7}{8}-\frac{1}{8}=\frac{6}{8}=\frac{3}{4}$ (2) $\frac{7}{8}-\frac{3}{8}=\frac{4}{8}=\frac{1}{2}$ (3) $\frac{9}{10}-\frac{3}{10}=\frac{6}{10}=\frac{3}{5}$ (4) $\frac{5}{9}-\frac{2}{9}=\frac{3}{9}=\frac{1}{3}$

2 (1) $\frac{5}{6}-\frac{2}{6}=\frac{3}{6}=\frac{1}{2}$ (2) $\frac{11}{12}-\frac{2}{12}=\frac{9}{12}=\frac{3}{4}$ (3) $\frac{13}{15}-\frac{8}{15}=\frac{5}{15}=\frac{1}{3}$ (4) $\frac{7}{10}-\frac{2}{10}=\frac{5}{10}=\frac{1}{2}$

3 (1~4) 答案不唯一。

第 31 页　1 (1) $1-\frac{1}{3}=\frac{2}{3}$ (2) $1-\frac{2}{5}=\frac{3}{5}$ (3) $1-\frac{5}{6}=\frac{1}{6}$ (4) $1-\frac{3}{7}=\frac{4}{7}$　2 (1) $1-\frac{2}{8}=\frac{6}{8}=\frac{3}{4}$ (2) $1-\frac{3}{9}=\frac{6}{9}=\frac{2}{3}$

47

(3) $1 - \frac{2}{10} = \frac{8}{10} = \frac{4}{5}$ (4) $1 - \frac{3}{6} = \frac{3}{6} = \frac{1}{2}$ 3 (1) $1 - \frac{2}{6} = \frac{4}{6} = \frac{2}{3}$ (2) $1 - \frac{5}{10} = \frac{5}{10} = \frac{1}{2}$ (3) $1 - \frac{2}{4} = \frac{1}{2}$

第 33 页 1 (1) 答案不唯一。例：

 16块饼干的 $\frac{1}{4}$ = 4 块饼干 (2) 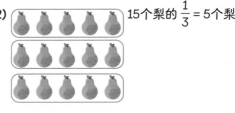 15个梨的 $\frac{1}{3}$ = 5个梨

2 (1) 个菠萝的 $\frac{1}{4}$ = 3个菠萝 (2) 20个足球的 $\frac{1}{5}$ = 4个足球 (3) 18个孩子的 $\frac{1}{3}$ = 6个孩子

第 35 页 1 (1) 10颗杏的 $\frac{2}{5}$ = 4颗杏 (2) 18朵花的 $\frac{2}{3}$ = 12朵花

(3) 30个西红柿的 $\frac{5}{6}$ = 25个西红柿 (4) 36本书的 $\frac{3}{4}$ = 27本书

2 (1) 12的 $\frac{2}{3}$ = 8

(2) 12的 $\frac{3}{4}$ = 9 (3) 20的 $\frac{4}{5}$ = 16 (4) 24的 $\frac{5}{6}$ = 20

第 37 页 1 (1) $1 \div 5 = \frac{1}{5}$ (2) $1 \div 7 = \frac{1}{7}$ (3) $1 \div 9 = \frac{1}{9}$ (4) $1 \div 10 = \frac{1}{10}$ (5) $1 \div 12 = \frac{1}{12}$ (6) $1 \div 20 = \frac{1}{20}$

2 (1) $1 \div 2 = \frac{1}{2}$ (2) $2 \div 2 = 1$ (3) $1 \div 6 = \frac{1}{6}$

第 39 页 1 $3 \div 4 = \frac{3}{4}$ 2 $4 \div 5 = \frac{4}{5}$ 3 $6 \div 7 = \frac{6}{7}$

第 41 页 1 $5 \div 4 = \frac{5}{4}$ 2 $6 \div 5 = \frac{6}{5}$ 3 $5 \div 2 = \frac{5}{2}$

第 42 页 1 (1) $\frac{2}{7} + \frac{4}{7} = \frac{6}{7}$ (2) $\frac{4}{9} + \frac{5}{9} = \frac{9}{9}$ 或 1 (3) $\frac{5}{11} + \frac{5}{11} = \frac{10}{11}$ (4) $\frac{6}{12} + \frac{5}{12} = \frac{11}{12}$

2 $\frac{1}{10} + \frac{9}{10}, \frac{2}{10} + \frac{8}{10}, \frac{3}{10} + \frac{7}{10}, \frac{4}{10} + \frac{6}{10}, \frac{5}{10} + \frac{5}{10}$ 3 (1) $\frac{6}{7} - \frac{1}{7} = \frac{5}{7}$ (2) $\frac{8}{9} - \frac{3}{9} = \frac{5}{9}$ (3) $\frac{10}{11} - \frac{3}{11} = \frac{7}{11}$

(4) $\frac{4}{5} - \frac{4}{5} = 0$ 4 (1) $\frac{1}{3} = \frac{2}{6} = \frac{3}{9} = \frac{4}{12} = \frac{5}{15} = \frac{6}{18}$ (2) $\frac{1}{5} = \frac{2}{10} = \frac{3}{15} = \frac{4}{20} = \frac{5}{25} = \frac{6}{30}$

第 43 页 5 (1) $1 - \frac{2}{5} = \frac{3}{5}$ (2) $1 - \frac{8}{10} = \frac{2}{10}$ 或 $\frac{1}{5}$ (3) $1 - \frac{7}{8} = \frac{1}{8}$ (4) $1 - \frac{9}{11} = \frac{2}{11}$ 6 (1) $\frac{6}{8} = \frac{3}{4}$ (2) $\frac{10}{15} = \frac{2}{3}$ (3) $\frac{6}{10} = \frac{3}{5}$ (4) $\frac{15}{25} = \frac{3}{5}$

(5) $\frac{12}{18} = \frac{2}{3}$ (6) $\frac{10}{24} = \frac{5}{12}$ 7 (1) $\frac{3}{4}$ (2) $\frac{7}{8}$ (3) $\frac{3}{4}$ 8 (1) $\frac{1}{8} + \frac{5}{8} = \frac{6}{8} = \frac{3}{4}$ (2) $\frac{1}{10} + \frac{7}{10} = \frac{8}{10} = \frac{4}{5}$ (3) $\frac{1}{12} + \frac{11}{12} = \frac{12}{12} = 1$

(4) $\frac{2}{9} + \frac{4}{9} = \frac{6}{9} = \frac{2}{3}$

第 44 页 9 (1) $\frac{5}{8} - \frac{1}{8} = \frac{4}{8} = \frac{1}{2}$ (2) $\frac{7}{10} - \frac{1}{10} = \frac{6}{10} = \frac{3}{5}$ (3) $\frac{11}{12} - \frac{1}{12} = \frac{10}{12} = \frac{5}{6}$ (4) $\frac{5}{9} - \frac{2}{9} = \frac{3}{9} = \frac{1}{3}$

10 每个孩子分到 $\frac{5}{8}$ 个三明治。 11 每个孩子分到 $\frac{8}{5}$ （或 $1\frac{3}{5}$ ）个三明治。

第 45 页 12 水果派还剩 $\frac{1}{3}$ 13 艾略特的饼干还剩18个。 14 拉维的假期有7天。